MANUEL

DU

CULTIVATEUR DE LIN

EN ALGÉRIE

PAR

A. DU MESGNIL

ADMINISTRATEUR-DIRECTEUR DE LA COMPAGNIE FRANÇAISE DES
COTONS ET PRODUITS AGRICOLES ALGÉRIENS

PARIS

Juillet 1866

MANUEL

DU

CULTIVATEUR DE LIN

EN ALGÉRIE

PAR

A. DU MESGNIL

ADMINISTRATEUR-DIRECTEUR DE LA COMPAGNIE FRANÇAISE DES

COTONS ET PRODUITS AGRICOLES ALGÉRIENS

PARIS

Juillet 1866

PARIS. — IMPRIMERIE POITEVIN, RUE DAMIETTE, 2 ET 4

IINISTÈRE
DE LA GUERRE

Cabinet du Ministre

ICE DE L'ALGÉRIE

MANUEL
du
TIVATEUR DE LIN
En Algérie

LETTRE

De S. Exc. M. le Maréchal Comte RANDON

MINISTRE DE LA GUERRE

MONSIEUR,

Vous m'avez adressé le manuscrit d'une notice que vous
vous proposez de publier sous le titre de *Manuel du Cultivateur de Lin en Algérie*, et vous voulez bien m'offrir
de mettre à ma disposition mille exemplaires de cette brochure pour être distribués gratuitement aux producteurs
de la colonie.

J'accepte avec empressement cette offre, et je vous féli-
cite du sentiment qui vous a porté à encourager par vos
conseils la propagation d'une culture pleine de promesses
pour l'Algérie.

J'aurai soin, dès que les exemplaires imprimés de votre
brochure me seront parvenus, de les transmettre au Gou-

verneur général de l'Algérie pour qu'il les fasse distribuer selon vos intentions.

Recevez, Monsieur, l'assurance de ma considération distinguée.

Le Maréchal de France,
Ministre Secrétaire d'État de la Guerre,

Signé : RANDON.

A M. A. DU MESGNIL, Administrateur-Directeur de la Compagnie française des Cotons et Produits agricoles Algériens.

AUX COLONS

Depuis quelques années, en présence du développement et du succès des cultures linières en Algérie, les conseils n'ont pas fait défaut aux colons pour les encourager à persévérer et leur montrer la voie qui semblait la meilleure pour amener à la perfection cette branche importante de l'agriculture industrielle.

L'Administration, les chambres d'agriculture ont donné d'utiles enseignements.

La presse périodique, dans la métropole et la colonie, a publié de nombreux articles sur ce sujet. Au mois de janvier dernier, *le Moniteur de l'Algérie* a donné une série d'excellentes pages où M. Leroux, ingénieur directeur de nos usines de Boufarik, traitait la question du Lin en Algérie avec toute l'élévation d'un savant et l'habileté d'un praticien. Avec tous ces éléments, il est possible, sans doute, de composer, en les réunissant, un manuel du cultivateur de Lin en Algérie, mais il serait difficile qu'un colon, même après de longues recherches, pût se procurer tous ces articles épars et s'en faire un tout qui l'éclaire et le guide depuis le moment où il se décide à cultiver le Lin jusqu'au jour où il peut livrer le précieux produit à l'industrie.

Aussi m'a-t-il paru qu'il y aurait utilité à condenser en quelques pages ces avis, ces conseils; à faire, en un mot, un *memento* du cultivateur de Lin.

J'ai cru devoir négliger tout ce qui était botanique, science pure, et n'envisager le lin que comme produit agricole, me contentant d'indiquer aux colons les soins à prendre, les travaux à exécuter, les règles à suivre pour que cette plante précieuse laissât entre leurs mains le produit le plus rémunérateur, et fût livrée par eux à l'industrie dans la plénitude de toutes ses qualités.

Il n'y a dans les pages qui vont suivre aucune théorie hypothétique, aucune spéculation hasardée; c'est le récit de l'expérience, l'exposé de faits constants, indiquant comme but à atteindre des résultats sûrement réalisables en chiffres certains.

A. DU MESGNIL.

Juillet 1866.

I. — DIFFÉRENTES VARIÉTÉS DE LIN

Les variétés de Lin sont nombreuses. Toutes réussiraient sans doute sur le sol algérien où le Lin croît à l'état sauvage.

Nous ne nous occuperons ici que des deux variétés qui ont été cultivées jusqu'à ce jour dans la colonie : le *Lin d'Italie* et le *Lin de Riga*.

1° Le *Lin d'Italie* est le premier dont la culture ait été expérimentée en Algérie. Il était naturel qu'il en fût ainsi. Les agriculteurs algériens n'ayant pas, au début, de moyens d'utiliser les pailles, faute d'usines pour les teiller, avaient essayé les cultures linières en vue de la récolte exclusive de la graine. Or, ce que fournit le Lin d'Italie c'est surtout de la graine pour les huileries; la paille peut-être utilisée, mais elle ne donne qu'une filasse grossière, bien inférieure à celle des autres variétés, du Lin de Riga notamment.

Sans vouloir conseiller l'abandon complet et systématique du Lin d'Italie, nous engageons instamment les agriculteurs algériens à s'adonner de préférence à la culture de la variété suivante, le Lin de Riga.

2° Le *Lin de Riga* a pris rang depuis quelques années à peine, parmi les cultures industrielles de l'Algérie. Le succès qu'il a obtenu tout d'abord en a rapidement développé la propagation. La création d'usines à rouir et teiller a été la cause de ce développement rapide. L'élan donné ne se ralentira pas; l'augmentation de la production amènera la création d'usines nouvelles. C'est au Lin de Riga à les alimenter. Le Lin de Riga mérite la préférence des cultivateurs algériens, parce que c'est la variété qui peut donner aux producteurs les résultats les plus rémunérateurs, tout en fournissant à l'industrie de la métropole, à l'aide des filasses, et à l'agriculture en France, à l'aide des graines de semences, des ressources précieuses.

D'ailleurs, si nos conseils vont avoir surtout en vue la culture du Lin de Riga, ils s'appliquent également à celle du Lin d'Italie.

II. — CHOIX DU TERRAIN

Le Lin demande une terre franche, douce, légère, plutôt sablonneuse que compacte, profonde et riche en *humus*.

Il ne faut pas cultiver de Lin dans des terrains exposés à l'excès de la sécheresse ou de l'humidité.

Il ne faut pas non plus choisir pour cette culture des côtes, des terrains en pente rapide; le Lin y viendrait mal.

La situation qui convient le mieux, c'est une

plaine abritée des grands vents, ou le fond d'une vallée large, où l'air circule aisément.

Le Tell algérien renferme de vastes espaces admirablement propres aux cultures linières; la Mitidja en est le type ; mais dans les autres provinces nous pouvons citer notamment comme très-propices au Lin : la plaine de Bône et les terres d'alluvion des bords de la Seybouse, les vallées au sud de Philippeville, les magnifiques plaines de Rélizane, les terrains de Saint-Denis du Sig.

On ne devra faire revenir le Lin sur le même sol que tous les six ans.

C'est là une règle qu'on ne saurait enfreindre sans arriver forcément à épuiser la terre, et à diminuer le rendement et la qualité des récoltes.

III. — TRAVAUX PRÉPARATOIRES
LABOURS. — FUMURES

La terre n'est jamais ingrate pour les soins qu'on lui donne. C'est là une vérité, en agriculture, que l'expérience démontre à chaque instant. Mais il n'y a pas de culture qui, plus que celle du Lin, demande des travaux préparatoires, soignés, complets, bien entendus.

On ne saurait trop travailler les terres destinées à la culture du Lin.

Cette plante, en effet, pour donner tout ce qu'on peut attendre d'elle, a besoin d'un terrain bien ameubli, bien propre, sans pierres, sans mottes. Il faut que la surface soit bien plane, bien égale, bien unie.

Pour atteindre ce résultat, il faut :

1° Trois labours;

2° Deux hersages;

3° Deux roulages (le premier avant, le second après les semailles).

Premier labour — Il est urgent de le faire aussitôt que possible ; si l'état de la terre le permet, il est très-avantageux de l'exécuter dès la sortie de la récolte qui a précédé dans le champ la culture du Lin.

Le but de ce premier labour est de retourner le sol, d'exposer les mottes de terre aux influences atmosphériques, de permettre aux premières pluies d'automne d'y pénétrer, et d'empêcher la végétation des mauvaises herbes.

Deuxième labour. — On doit attendre pour procéder à ce deuxième labour que les pluies aient adouci et pénétré la terre.

Troisième et dernier labour. — C'est en janvier qu'il faut, en Algérie, donner ce troisième labour à la terre destinée à recevoir le Lin.

On procède ensuite à un premier hersage qui mélange bien les engrais, divise les motticules, égalise une première fois la surface.

Puis on fait un second hersage après lequel, en choisissant un temps convenable, on fait un premier roulage.

Les frais que nécessitent les travaux de préparation que nous venons d'indiquer sont largement compensés par les résultats obtenus à la récolte.

Ces années dernières, certains cultivateurs, en Algérie, se sont contentés de donner un seul labour à leurs champs qu'ils destinaient à la culture du Lin ; c'est un mauvais calcul, et l'expérience a dû le leur démontrer ; on doit s'attendre à ce que la terre qui n'a reçu qu'un labour, rapportera *presque moitié* moins que celle qui en a reçu trois.

Pour le Lin d'Italie, quand surtout on n'a en vue que la récolte de la graine, il y aurait moins d'inconvénient à négliger un labour ou un hersage.

Mais pour le Lin de Riga, si on veut une abondante et belle récolte, il ne faut s'affranchir d'aucun des travaux indiqués ci-dessus.

Après le roulage qui suit le second hersage, la terre est prête à recevoir la semence, dont nous allons nous occuper tout à l'heure; mais auparavant, le moment est venu de parler des fumiers, des engrais, qui, dans la culture du Lin, jouent un rôle important, capital.

Fumiers, engrais.

Le Lin est épuisant, il réclame le concours d'engrais très-fertilisants.

En Algérie, en maints endroits encore, le sol composé d'une profonde couche d'humus a conservé de riches qualités végétatives; mais il ne faut pas abuser de ces conditions privilégiées, il faut ménager cette richesse.

Les fumiers d'étable ou de bergerie, la colombine, la poudrette, le guano, les tourteaux, surtout délayés dans du purin, conviennent très-bien aux terres destinées à la culture du Lin.

L'agriculture se perfectionne en Algérie, les fumiers y deviennent plus abondants ; dans les exploitations soignées, le purin commence à être utilisé par tous les cultivateurs jaloux de leur intérêt. Ce sont là autant d'éléments de succès nécessaires et infaillibles pour les cultures linières.

Comme toutes ces améliorations sont encore récentes, et qu'elles ne sont pas suffisamment généralisées, nous ne demanderons pas aux agriculteurs de la colonie de mettre dans leurs champs une quantité de fumiers ou d'engrais artificiels égale à celle qui, en Flandre, par exemple, est usitée. Le sol algérien, en bien des points encore, est vierge ou peu s'en faut : 100 quintaux de fumier ordinaire, ou 20 quintaux de poudrette par hectare sont une dose suffisante pour assurer une belle récolte en Lin. Des arrosages de purin, quand ce sera possible, compléteront heureusement la fertilisation de la terre.

Les fumiers devront être bien propres et bien *consommés*.

On les répand à la fourche; ils doivent être sur le sol en septembre.

Les engrais artificiels, poudrette, guano, se jettent à la volée.

IV. — SEMAILLES

Choix de la graine à semer.

Il est essentiel de ne semer que de bonne graine.

On reconnaît la bonté de la graine destinée aux semences aux signes suivants : elle doit être d'une couleur uniforme, d'un brun clair, brillante, renflée, lourde, sans odeur de moisi. Précipitée dans un vase plein d'eau, elle ne doit pas surnager.

Pour les cultures de *Lin d'Italie*, les agriculteurs algériens utiliseront avec profit, pour semences, les graines provenant des récoltes actuelles recueillies dans la colonie. Il sera d'ailleurs facile, s'il se présentait dans la suite des signes de dégénérescence qui ne se sont encore montrés nulle part, de faire venir des semences de Sicile.

Mais, en ce moment, la colonie peut se suffire à elle-même.

Pour les semences de *Lin de Riga* l'Algérie se trouve dans des conditions privilégiées que doivent lui envier la France, la Belgique et la Hollande.

En effet, si, à l'origine, c'est la Russie qui a fourni à l'Algérie les graines de Lin de Riga qui ont été d'abord semées dans ses plaines, il s'est produit depuis quatre ans un fait d'une importance immense, sans précédent dans les pays liniers d'Europe. Loin de dégénérer après la seconde année, comme elle le fait toujours en France, en Hollande et en Belgique, la graine, originaire de Riga, a conservé jusqu'ici en Algérie toutes ses qualités primitives; elle s'est même améliorée en s'acclimatant.

Les agriculteurs algériens peuvent donc utiliser, comme semences, les graines récoltées dans la colonie même et s'affranchir ainsi de l'obligation, où sont leurs frères de la métropole, de faire venir, tous les deux ans au plus, des graines nouvelles, directement importées de Russie.

En résumé, il n'y a qu'à s'attacher aux conditions de bonne qualité que nous venons d'énumérer plus haut, et choisir, d'après ces données, parmi les graines récoltées dans la colonie même, les semences aussi bien de Lin d'Italie que de Lin de Riga.

Nous avons indiqué la lourdeur comme caractère d'une semence douée de bonnes qualités germinatives : le poids de l'hectolitre de graines de Riga varie de 65 à 67 kilogrammes; de graines d'Italie, de 68 à 70.

La moyenne de graines renfermées dans un hectolitre est de 11 millions.

Une fois la semence choisie, il est indispensable de la bien vanner, de la passer avec soin au tarare avant de la semer; cette opération a pour but de faire disparaître tous les corps étrangers et inutiles, les graines vides, rongées et dépourvues de toute force germinative.

Époque des Semailles.

En règle générale, c'est au mois de février qu'il faut semer le Lin d'Italie et le Lin de Riga en Algérie.

Quantité de graines à semer par hectare.

La quantité de graines à semer varie d'après l'espèce de Lin qu'on veut cultiver et d'après le but qu'on se propose d'atteindre.

Règle générale : On sème dru et épais, quand on veut de la filasse; on sème clair, quand on veut récolter de la graine.

Ce principe posé, voici quelques chiffres que nous pouvons donner comme moyenne des quantités de graine à semer, dans une terre bien travaillée et bien fumée.

Lin d'Italie.

1° Si on veut de la graine pour semence ou huilerie. . . . . 100 kilog. à l'hectare.

2° Si on veut à la fois de la graine et de la filasse. . . . . 140 kilog.   id.

Lin de Riga.

1° Si on veut de la graine pour semence 100 kil.

2° Si on cultive en vue de la filasse. . 150 id.

Ces chiffres sont des moyennes, et peuvent varier suivant les conditions du terrain; par exemple un sol très-riche, très-bien fumé, trèsbien travaillé pourrait recevoir 200 kilogrammes de graine de Riga, et produirait des pailles dont on retirerait une très-belle filasse. Mais, ces réserves faites, nous maintenons les chiffres indiqués ci-dessus, et, en semant d'après ces règles, les agriculteurs algériens obtiendront sûrement un résultat satisfaisant.

On peut semer en janvier, on peut encore à la rigueur, semer au commencement de mars, mais l'époque moyenne favorable est le mois de février.

On doit semer un peu plus tôt dans les terres *légères*, un peu plus tard dans les terres compactes, *fortes*, argileuses.

Quand on sème tard il faut mettre un peu plus de graines.

Temps propice.

Il faut choisir, autant que possible, pour semer une belle journée, un temps calme; il ne faut pas semer par la pluie, ni par un vent fort.

Quand on peut semer après une petite pluie, et alors que la terre est encore humide, le Lin lève beaucoup plus vite.

Manière de semer

La semaille du Lin est difficile, et demande à être faite avec soin et habileté.

On sème, ou tout en une fois, ou moitié le matin et moitié le soir.

Le semeur doit parfaitement savoir *régler la main et le pas.*

Afin que la terre soit bien regulièrement et

uniformément garnie, on fera bien de semer à jets croisés.

Enfouissement de la graine

Il est essentiel que la graine soit enterrée uniformément pour que la levée soit régulière.

Quand l'état du temps le permet, il est bon de n'enterrer la graine que le lendemain du jour où on l'a semée.

On se sert pour cela d'une herse légère, et on procède, avec cet instrument, à un hersage croisé.

Une excellente pratique usitée dans le nord de la France consiste à exécuter, deux ou trois jours après le hersage, un roulage, avec un rouleau très-léger, qui égalise bien la surface du champ, sans trop *tasser* la terre, sans la *plaquer*.

V. — VÉGÉTATION DU LIN

Soins à lui donner pendant sa croissance, Sarclage

La graine lève au bout de huit ou dix jours, suivant l'exposition du champ, la température et l'état de l'atmosphère.

Quand les tiges ont atteint environ 10 centimètres de hauteur, on procède au sarclage qui a pour but d'enlever toutes les mauvaises herbes.

Des femmes, des enfants peuvent faire cette opération qui ne demande que du soin et ne cause aucune fatigue.

Les ouvriers qui s'y livrent ne doivent avoir ni sabots, ni chaussures ferrées.

Les Kabyles sont des journaliers précieux pour ce genre de travail.

On met çà et là les mauvaises herbes en petit

tas ; elles se fanent, et on les enlève à la fin de la journée.

Les ouvriers qui sarclent doivent marcher contre le vent ; il se chargera de relever naturellement, après leur passage, les tiges du Lin qui forcément se couchent dans le sens de la marche des sarcleurs.

Ordinairement un seul sarclage suffira. Mais si les mauvaises herbes se rencontraient peu de temps après abondantes et touffues, il ne faudrait pas hésiter à faire un second sarclage. — En ce cas, la moitié de la valeur de la récolte en dépend.

Maladies et ennemis du Lin.

Comme tous les végétaux, le Lin est exposé à des causes de détérioration pendant sa croissance.

Une maladie spéciale, le *charbon*, le fait parfois jaunir et dessécher avant sa maturité. Cette maladie ne se présente ordinairement que quand on s'est servi pour semence, de graines malades elles-mêmes, abâtardies, et lorsque le sol est épuisé.

Une plante parasite, la *cuscute*, cause parfois, en Europe, de grands ravages dans les champs de Lin. Elle enlace les pailles, les couvre de ses tiges grimpantes, les charge et les étouffe de ses petites fleurs blanchâtres, ayant quelque analogie avec de petites fleurs de camomille. Quand la cuscute a envahi un champ, il n'y a pas à hésiter, il faut arracher et brûler toute la place où elle s'est montrée.

Jusqu'ici les Lins de la Mitidja ont été entièrement préservés des attaques de la cuscute.

Des insectes, des pucerons s'attaquent parfois au Lin. — Répandre des cendres de bois mélangées avec de la suie est un remède très-efficace.

Les influences atmosphériques peuvent exercer aussi de grands ravages sur le Lin: l'excès de la sécheresse ou de la pluie lui est également nuisible. — La grêle le hache, et ôte à ses pailles la majeure partie de leur valeur textile.

VI. — RÉCOLTE

Époque à laquelle il convient de la faire.

De même que nous avons dû donner, pour la quantité de graine à semer, des instructions différentes selon qu'il s'agissait de cultiver le Lin pour la graine ou pour la filasse, de même ici, nous allons avoir une distinction à faire à propos du moment propice pour la récolte.

Le Lin cultivé en vue de la récolte de la graine seule s'arrache plus tard.

Cette règle s'applique aussi bien au Lin d'Italie qu'au Lin de Riga.

Quand on veut récolter paille et graine dans de bonnes conditions, il faut arracher le Lin quand le tiers de la tige est jaune, et que les capsules renfermant la graine jaunissent également.

Quand on a semé en vue de la récolte de la graine seule, il faut attendre, pour arracher, que les capsules soient entièrement mûres.

Selon le degré de maturité auquel se fait l'arrachage les pailles ont des qualités et une valeur variables: arrachées trop tôt les pailles fournissent une filasse molle qui, au peignage, laisse beaucoup trop de déchet. Quand on a trop tardé à arracher, la filasse obtenue est trop sèche, dure, grossière.

Aussi, choisir un terme moyen est préférable à tous égards.

Dans les années ordinaires, le moment où la maturité des Lins est suffisante pour qu'on doivé les récolter, arrive, en Algérie, au commencement du mois de juin.

Cette année, en 1866, la récolte a pu se faire dans d'excellentes conditions dans la seconde quinzaine de mai.

Cette précocité de récolte est encore un avantage précieux pour le cultivateur. Elle lui permet en effet, de faire de suite une seconde culture, et, par suite, de retirer un double profit. Le maïs, les navets et autres racines destinées à la nourriture du bétail, les turneps, par exemple, viennent très-bien dans un champ dont le Lin vient d'être enlevé.

Arrachage du Lin

C'est en l'arrachant à la main que le Lin se récolte.

Quelques cultivateurs algériens ont cru pouvoir moissonner le Lin comme les céréales. Ce moyen est plus expéditif, et moins coûteux sans doute, mais il a un inconvénient qui doit le faire absolument proscrire : *il ôte toute valeur à la paille.*

Quand on a semé du Lin d'Italie en vue de la récolte exclusive de la graine, on pourrait sans doute faucher les tiges ; mais alors ces tiges sont sacrifiées et il ne faut plus compter, comme rémunération, que sur la vente de la graine.

L'arrachage du Lin demande beaucoup de soin. Il se fait à la main.

La façon la plus soignée d'y procéder consiste à prendre et à tirer obliquement avec la main droite de petites quantités de brins dont on sépare avec la main gauche toutes les mauvaises herbes, les plantes étrangères qui peuvent s'y trouver mêlées ; on secoue légèrement la terre adhérente aux racines, puis on dépose le Lin en poignées couchées sur le sol.

Quand on veut aller plus vite, on peut saisir des poignées plus grosses à deux mains, les arracher, secouer ensuite et déposer sur le sol comme il vient d'être dit. — Mais en tout cas, il faut avoir soin d'éliminer toutes les mauvaises herbes qui, en se décomposant, feraient fermenter le Lin et altéreraient sa qualité. Il faut avoir grand soin de disposer toujours les brins dans le même sens, et ne jamais mêler les têtes avec les racines.

Il ne faut pas laisser trop longtemps le Lin couché à terre; on disposera les poignées en petits faisceaux groupés les uns autour des autres, ou bien encore en ligne : c'est ce qu'on appelle mettre le Lin *en chaîne*. On procède ainsi sans lier les bottes, mais en écartant légèrement les racines, pour leur *donner du pied*, les faire tenir debout. De la sorte l'air, en circulant librement autour des pailles, les sèche. S'il survient de la pluie, elle glisse le long des tiges.

Pour l'arrachage du Lin, les Kabyles fournissent à l'agriculture algérienne une main-d'œuvre précieuse. Ils exécutent très-bien ce travail, à des conditions de prix très-acceptables. Ils travaillent soit à la journée, soit à la tâche. Depuis deux ans, ils ont arraché ainsi la majeure partie des Lins de la Mitidja d'une façon qui ne laisse rien à désirer.

On laisse quelques jours le Lin *en chaîne*; puis, quand il est sec, on le réunit en bottes de 6 kilogrammes environ.

Il faut avoir soin en confectionnant ces bottes de ne réunir, autant que possible, que des tiges égales. On fait ainsi deux qualités, paille longue et paille courte. L'ensemble de la récolte acquiert plus de valeur, et le cultivateur ne regrettera pas ce soin dont on lui tiendra compte à l'achat.

VII. — ÉGRENAGE

L'égrenage du Lin se fait de deux façons.

1° On dispose, en travers d'un banc, un peigne grossier à dents longues et écartées. Un ouvrier se met à cheval sur ce banc, saisit une poignée de tiges, les écarte et en présente l'extrémité supérieure aux dents du peigne. En les passant ainsi plusieurs fois sur cette espèce de râteau renversé, il en détache les capsules.

Ces capsules sont recueillies et on les bat avec une *batte* en bois légère, qui ouvre les capsules, et en sépare les graines.

2° On peut n'employer que la batte; saisir les poignées de tiges de la main gauche et en frapper légèrement le haut avec la batte; l'égrenage se fait alors par une seule opération.

Quand on égrène d'après ce second système, il est essentiel de ne frapper les tiges qu'avec précaution et sur l'extrémité seule qui porte les capsules, afin d'éviter de briser ou écraser les pailles.

Il faut faire l'égrenage du Lin bien au sec.

Après l'égrenage on refait les bottes et on les met en meules.

Il faut abriter, recouvrir les meules avec soin.

La grande *paille de marais* est excellente pour cet usage.

VIII. — CONSERVATION DE LA GRAINE

Une fois battue, on vanne la graine, puis on la place dans un local sain, à l'abri des souris qui en sont très-friandes.

Le mieux est de la tenir dans des barils défoncés. Elle se gardera très-bien ainsi, conservant toutes ses propriétés germinatives.

Pour la graine d'Italie, destinée à l'huilerie, on peut se contenter de la disposer en tas relevés avec soin. Mais il est mieux de la placer dans des sacs.

IX. — RENDEMENT DU LIN EN ALGÉRIE

En suivant les conseils que nous venons de lui donner, le cultivateur algérien est assuré de recueillir une belle récolte de Lin.

Nous allons indiquer, par des chiffres, le rendement qu'il peut attendre et qui sera le prix de son travail et de ses soins.

Lin d'Italie.

1° Culture en vue de la récolte exclusive de la graine, 100 kilos de semence.

RENDEMENT :

12 quintaux de graines à . . . . . 30^f 360^f
20   —   de tiges à . . . . . 5^f 100^f
                                            ―――――
                                             460^f

2° Culture mixte en vue de la récolte de la graine et de la paille, 140 kilos de semence.

RENDEMENT :

9 quintaux de graines à. 30ᶠ 270ᶠ
30   —   de tiges à. 7ᶠ 210ᶠ
                                      480ᶠ

Lin de Riga.

1° Culture en vue de la récolte de la graine comme semence.

RENDEMENT :

10 quintaux de graines à. 45ᶠ 450ᶠ
32   —   de tiges à. 10ᶠ 320ᶠ
                                      770ᶠ

2° Culture mixte pour tiges et graines.

RENDEMENT :

7 quintaux de graines à. 45ᶠ 315ᶠ
50   —   de tiges à. 12ᶠ 600ᶠ
                                      915ᶠ

Ces chiffres sont établis sur des faits acquis
nous ne craignons pas qu'ils soient démentis.

Tels qu'ils sont, ils doivent être considérés
comme des *minimum*. Ils sont très-assurément et
très-facilement réalisables dans l'état actuel de
l'agriculture algérienne. Bien des agriculteurs
même obtiendront des rendements supérieurs à ceux
que nous avons indiqués. Et, à mesure que les
cultures deviendront plus soignées, plus intensives
en Algérie, le rendement du Lin croîtra infailli-
blement.

Même en se contentant des rendements que
nous venons d'indiquer, on voit que la culture du
Lin, faite d'une façon soignée et rationnelle, est
largement rémunératrice en Algérie.

On voit aussi qu'il y a plus d'avantage à cultiver
en vue de la récolte des pailles qu'à s'attacher à
la production des graines. L'opinion contraire est
une erreur.

X. — ROUISSAGE

En France, après l'égrenage du Lin, les cultivateurs procèdent au rouissage.

Cette opération a pour objet de dissoudre la matière gommeuse qui fait adhérer la fibre textile à la partie ligneuse de la paille et de rendre ainsi possible le teillage de la filasse.

Le rouissage se fait de plusieurs manières ; nous ne parlerons ici que du procédé reconnu le meilleur, *le rouissage à l'eau courante.*

Pour rouir le Lin à l'eau courante, on peut se servir soit des cours d'eau naturels, des rivières, soit de bassins appelés *routoirs* pratiqués artificiellement dans le sol. Ces bassins peuvent être creusés sur le bord des cours d'eau, et alors ils sont alimentés par une prise d'eau qui, arrivant d'amont, s'écoule constamment en aval. On peut encore établir les bassins à proximité d'une source qui les alimente d'une quantité d'eau incessamment renouvelée et suffisante pour l'opération.

Quand on rouit dans une rivière, il est bon de mettre le Lin dans de grandes caisses en bois, à claire-voie qui permette à l'eau de couler librement autour des tiges, tout en les retenant et les empêchant d'être emportées par le courant même ou par une crue subite.

On peut même se passer des caisses en bois, usitées en Flandre, dans la Lys, et se contenter de disposer les bottillons dans le lit même de la rivière, en ayant soin de les retenir par un barrage, perméable à l'eau, et de les maintenir complétement sous les eaux en les chargeant de lourdes pierres.

Dans les bassins artificiels, *routoirs*, on procède d'une façon analogue.

La durée du rouissage varie suivant l'état de la température.

La qualité des eaux, leur composition chimique exerce aussi une influence marquée sur la valeur des filasses qu'on retire des pailles rouies.

En France, on ne rouit pas en hiver; l'opération se fait du mois de juillet au mois d'octobre.

En Algérie, la douceur du climat permet de rouir toute l'année.

Le rouissage dure plus ou moins longtemps selon la nature de l'eau et l'état de la température; en France, le temps nécessaire varie de 5 à 15 jours; en Algérie, il suffit de 4 à 8 jours pour obtenir le même résultat.

On reconnaît que le rouissage est complet, en retirant quelques brins de paille, les faisant sécher et les brisant. Si la filasse se détache aisément dans toute sa longueur, le rouissage est à point.

On retire alors le Lin de l'eau on porte les bottillons sur un pré, on les ouvre, on les place debout pour qu'ils sèchent complétement. Puis on les emmeule en ayant soin de les recouvrir.

Il faut faire une grande attention à la fermentation pendant la durée du rouissage : En agissant trop activement sur les pailles, elle pourrait altérer les fibres.

D'après ce que nous venons de dire du rouissage, on peut voir que cette opération est délicate. Elle est d'autant plus importante que de la façon dont elle s'accomplit dépend en grande partie la valeur du textile.

Pour compléter les instructions renfermées dans ce manuel, nous avons cru nécessaire de traiter du rouissage , mais nous ne saurions trop engager les colons à ne le tenter que quand ils seront à même de le bien exécuter.

Les usines à Lin qui ont été créées en Algérie achètent aux producteurs les pailles non rouies. Ces usines font elles-mêmes le rouissage dans leurs établissements où une installation spéciale est affectée à ce travail.

Pour le colon, il n'y a donc, quant à présent

du moins, qu'un intérêt secondaire à attacher à la question du rouissage, puisque ses Lins non rouis sont assurés d'un débouché. D'ailleurs, dans bien des localités, le manque d'eau suffisante, à l'état courant, ne permettrait pas au producteur de rouir près de son exploitation.

En résumé, nous conseillerons au colon de ne chercher à rouir lui-même que quand l'abondance et la proximité des eaux convenables l'y engageront, et surtout qu'après s'être suffisamment éclairé de ses propres yeux.

Or, c'est en allant voir comment le rouissage se fait aux usines linières qu'il acquerra une habileté pratique, que tous les enseignements théoriques, toutes les instructions écrites ne sauraient lui donner.

XI. — DÉBOUCHÉS

Le Lin est de tous les produits de l'agriculture algérienne celui qui est assuré du débouché le plus vaste et le plus certain.

La faveur avec laquelle sont accueillies, en France, les filasses fabriquées par les usines de Boufarik donne la preuve de ce que la culture du Lin de Riga peut obtenir de développement en Algérie.

Depuis quelques années la filature du Lin en France a pris des accroissements énormes. Pour ne citer qu'un seul exemple, Lille, qui ne comptait que 40,000 broches, en a aujourd'hui plus de 500,000. L'agriculture de la métropole a naturellement suivi ce progrès, mais il s'en faut de beaucoup que les Lins français suffisent à l'industrie française : en 1865, la France a acheté à l'étranger pour plus de 60 millions de Lin.

Ce chiffre montre le champ ouvert aux importations d'origine algérienne.

L'Algérie peut fournir d'excellentes filasses à nos fabriques, elle est appelée aussi à donner d'excellentes graines de semences à l'agriculture en France.

Cette importante question vient d'être résolue de la façon la plus satisfaisante L'expérience décisive ordonnée par M. le maréchal Ministre de la Guerre a réussi au delà de toutes les espérances. Les graines algériennes que nous avons fournies pour cette épreuve ont *partout*, en Flandre comme en Belgique, donné des Lins supérieurs à ceux obtenus de graines venant directement de Russie.

En présence de ce succès, on peut prédire qu'un jour viendra où la France devra à l'Algérie de se voir affranchie du tribut qu'elle a jusqu'ici payé à la Russie pour les semences de Lin nécessaires à son agriculture.

Ainsi tout est bon dans le Lin de Riga algérien,

la tige comme la graine ! Que ce soit là un puissant stimulant pour les colons à le cultiver.

Quant au Lin d'Italie, sa graine sera toujours accueillie avec faveur par les huileries. Nous ajouterons que sa tige, quand elle aura été bien soignée et bien récoltée, donnera des filasses dont la filature saura tirer parti ; en effet, sans avoir jamais la valeur de celles de Riga, ces filasses fourniront cependant des matières premières précieuses pour les toiles communes, dont la fabrication est considérable.

TABLE

PARIS. — IMPRIMERIE POITEVIN, RUE DAMIETTE, 2 ET 4.

www.ingramcontent.com/pod-product-compliance
Lightning Source LLC
Chambersburg PA
CBHW061331060726
47596CB00003B/1187